《我当建筑工人》丛书

漫话我当油漆工

本社 编

中国建筑工业出版社

图书在版编目(CIP)数据

漫话我当油漆工/中国建筑工业出版社编.—北京：中国建筑工业出版社，2010
《我当建筑工人》丛书
ISBN 978-7-112-11697-3

Ⅰ.漫… Ⅱ.中… Ⅲ.建筑工程-涂漆-普及读物
Ⅳ.TU767-49

中国版本图书馆CIP数据核字（2009）第242823号

《我当建筑工人》丛书

漫话我当油漆工

本社 编

*

中国建筑工业出版社出版、发行（北京西郊百万庄）
各地新华书店、建筑书店经销
北京云浩印刷有限责任公司印刷

*

开本：787×1092毫米 1/32 印张：3⅛ 字数：98千字
2010年3月第一版 2010年3月第一次印刷
定价：10.00元
ISBN 978-7-112-11697-3
(18919)

版权所有 翻印必究
如有印装质量问题，可寄本社退换
（邮政编码 100037）

《我当建筑工人》丛书，是用漫画的形式来讲解建筑施工技术的基础知识和基本技能的一套图解式口袋图书。本书是专门为培训农民工而编写绘制的培训用书，是一套以图为主，图文并茂的建筑施工技术普及读本，通俗易懂，简明易学。通过阅读、自学和实践，既可以了解和掌握相应工种的基本技能，又可以通过阅读本书，由浅入深，建立学习建筑施工技术的兴趣，是一本建筑施工技术的入门图书，读者可以由此再深入学习建筑技术和知识，成为一名合格的建筑技术工人。

《漫话我当油漆工》介绍了当油漆工的基础知识和基本技能，农民工可以通过学习本书，掌握油漆工的安全须知和入门技术，为当好油漆工奠立扎实的基础。

本书读者对象主要为初中文化水平的农民工，也可以供建筑技术的培训机构作为培训的入门教材使用。

责任编辑：曲汝铎
责任设计：崔兰萍
责任校对：赵　颖

编 者 的 话

经过几年策划、编写和绘制,终于将《我当建筑工人》这套小丛书奉献给读者。

一、编写的目的和意义

为了贯彻党中央、国务院在《关于做好农业和农村工作的意见》中"各地和有关部门要加强对农民工的职业技能培训,提高农民工的素质和就业能力"的明确要求。为配合住宅与城乡建设部的建设职业技能培训和鉴定的中心工作,为了搞好建筑工人,尤其是农民工的培训,把千百万农民工培养成为合格的建筑工人。我们在广泛调查研究的基础上,结合农民工的文化程度和工作生活的实际情况,征询了广大农民建筑工人的意见,我们采用漫画图书的形式,讲述初级建筑工的知识和技法,非常适合农民工来学习和阅读。故此,我们专门组织相关的人员编写和绘制完成了这套漫画类的培训图书。

编写好本套图书目的,是使文化基础知识较少的农民工,通过自学和培训,掌握建筑技术工人的基本知识,提高职业技能,具备建设工人的技术要求。提高以农民工为主体的建筑技术工人和操作人员的素质,不仅是保证产品质量、安全生产和行业发展问题,而且是一项具有全局性、战略性的工作。

二、编写的依据和内容

根据住房与城乡建设部《建设职工岗位培训初级工大纲》要求,把土建、安装、装修等门类的全部纳入。以图为主,如同连环画一样,把大纲要求的内容,通过生动的图形表现出来,每个工种以初级工的应知应会为原则,首先说明了该工种的责任和义务,强调了安全注意事项,讲解了工种所必须掌握的应知应会的基础知识和技能技法。让农民工人一看就懂,一看就明,一看就会,容易理解,与实际结合。考虑到农民工的工作和生活的条件,故编写成为既有趣味性,图画生动,又要动作准确,操作规范的口袋图书,让农民工便于携带,在工作期间,在休息之间,能插空阅读,有问题随时就地解决。

图书编写结合生产一线的实际情况,突出学习的针对性和实用性,使操作人员掌握必备的劳动技能,并注意结合施工企业特点和生产操作人员的实际,采用工学交替、个人自学与集中辅导相结合等灵活多样的形式,提高图书的使用实效。

第一次编写完成的图书有《漫话我当抹灰工》、《漫话我当油漆工》、《漫话我当建筑木工》、《漫话我当混凝土工》、《漫话我当砌筑工》、《漫话我当架子工》、《漫话我当建筑电工》、《漫话我当钢筋工》和《漫话我当水暖工》,其他工种将根据情况另行编写。

三、编写的原则和方法

首先,从实际出发,一定要符合大多数农民工的实际情况。第五次全国人口普查资料显示,农村劳动力的平均受教育年限为7.33年,相当于初中一年级的文化程度。因此,我们要把编写的读者对象定位为初中的文化水平。

其次,突出重点,把握大纲的要求和精髓,要突出主要部分,要做到画龙点睛,提纲挈领,使读者在最短的时间内,以不高的文化水准,就能理解初级工的技术要求。

第三,投入精兵强将,投入相当多的人力、物力和财力。将初级工的要求和应知应会,通过100余幅图尽可能突出地表现出来。

1.在大量调研的基础上,真正了解农民工的文化水平,了解了他们的学习要求,了解了他们的经济能力和阅读习惯,然后聘请那些确实能够把理论和实践相结合的人,聘请那些与农民工朝夕相处,息息相关的技术人员来编写图书的文字脚本。

2.聘请一些职业技术能手,根据脚本来完成实际操作,我们用数码相机完成照片的拍摄工作,然后输入计算机,用作绘画参考。

3.将文字和照片交给图画的制作人员,完成图画,再请脚本撰写者和职业技术能手来审稿,反复修改,最终完成定稿。

四、编写的方法和尺度

目前,职业技术培训存在着教学内容、考核大纲、测试考题与现实生产情况脱节和不适应的问题。而职业技术培训的教材大多数是学校老师所写,由于客观条件和主观意识所限,这些教材存在与培训对象脱节的问题,大多类同于普通的中等教育教材,文字太多,图画太少,对农民工这一读者群体针对性不强,使平均只有初中一年级文化程度的农民工很难看懂,更没有兴趣看,不适合他们使用。故此,我们在编写此书的时候,注意了如下的问题:

1. 本书表述的技术内容,注重基础知识和工艺,而并非最新技术材料和工艺,因为本书培训的目标是入门级的初级工,所以,讲传统工艺和基础知识,让农民工掌握了基础知识和工艺,达到入门的要求,再逐步学习新技术和新工艺。

2. 本书在编写中遇到了很多问题,例如,建筑木工的工作实际,主要是支护模板,而非传统的木工操作,但是考虑到全国各地区的技术和生产差异较大,使农民工既能了解模板支护方面的知识和技能,又要掌握传统木工的知识和技巧,故此,还是保留了木工的基础知识。另如,《漫话我当架子工》中,考虑到全国各地的经济不平衡性和地区使用材料的差异,还是保留了竹木脚手架的搭设技能和知识。

3. 由于经济发展和技术发展的进度不同,发达地区和欠发达地区在技术、材料和机具的使用方面有很大的差异,考虑到经济的基础条件,考虑到基础知识的讲解,保留比较简单的和技术性能一般的机具和工具,并非是新技术和新机具。

五、最后的话

用漫画的形式来表现建筑施工技术的内容是一种尝试,用漫画来具体表现技术内容,难度较大。一般来说,建筑技术人员没有经过长期和专业的美术培训,难于用漫画准确地表现技术内容和操作的动作,而美术人员对建筑技术生疏,依据文字和图片画出的图稿很难准确地表达技术操作的要点。所以,要将美术表现和建筑技术有机地结合起来,圆满地表现技术内容,难度更大。为此,建筑技术人员与绘画人员的反复磨合和磋商修改,力图将图中操作人员的手指、劳动的姿态、运动的方向和力的表现尺度尽量用图画准确表现,他们付出了辛勤的劳动。

尽管如此,由于本书是一种新的尝试,缺少经验可以借鉴,同时限于作者的水平和技能,本书所表现的技术内容和操作工艺还不很完善,也可能存在很多的瑕疵,故恳请读者,特别是农民工朋友给予批评和指正,以便在本书再版时,予以补充和修正。

本书在编写过程中得到山东省新建集团公司、河北省第四建筑工程公司、河北省第二建筑工程公司,以及很多专家、技术工人的支持和帮助,在此,一并表示衷心的感谢。

《我当建筑工人》丛书编写人员名单

主　　编：曲汝铎
编写人员：史曰景　　王英顺　　高任清　　耿贺明
　　　　　周　滨　　张永芳　　王彦彬　　侯永忠
　　　　　史大林　　陆晓英

漫画创作：风采怡然漫画工作室
艺术总监：王　峰
漫画绘制：王　峰　　张永欣　　姚　星
版式制作：王文静

目 录

一、基本概述……………………………………………… 1

二、安全生产和文明施工………………………………… 3

三、常用材料……………………………………………… 15

四、常用工具机械………………………………………… 26

五、基层的处理…………………………………………… 38

六、饰涂工艺技法………………………………………… 44

七、溶剂型涂料饰涂技法………………………………… 69

八、水乳型涂料饰涂技法………………………………… 76

九、裱糊技法……………………………………………… 83

十、玻璃裁装技法………………………………………… 87

十一、玻璃运输和保管…………………………………… 95

一、基本概述

1. 什么是油漆工

在建筑工地从事油漆、涂料粉刷、喷涂和玻璃安装等施工安装的人员。土建结构完成后,油漆工就要进行内、外墙、门窗、管道、设备的油漆粉刷施工,工作量非常大,施工质量的优劣,直接关系到整体工程的美观,所以油漆工的责任非常重大。

2. 怎样当好油漆工

要想当一名好的油漆工,必须勤学苦练,学习油漆工的理论知识,干活时要认真负责,不能偷懒,不能凑合,不懂就问,不会就学,尊重老师傅,向他们学习,逐渐积累经验。

3.油漆工的光荣使命

建筑油漆工人是技术性很强的工种,是房屋建筑的美容师。人们生活水平不断提高,更注重工作、生活环境的质量。油漆工认真负责的施工,用辛勤的劳动和汗水将房屋建筑装饰得更加美丽。

4.油漆工的发展

高科技、新技术、新材料不断出现,所以,我们要学习新知识、先进技术,不断充实新知识,总结经验,跟上社会发展和形势发展,作出新贡献。

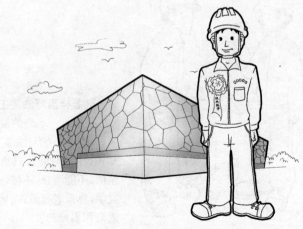

二、安全生产和文明施工

1. 安全施工的基本要求

（1）进入施工现场,禁止穿背心、短裤、拖鞋,必须戴好安全帽,穿胶底鞋或绝缘鞋。

（2）现场操作前,必须检查安全防护措施要齐备,必须达到安全生产的需要。

（3）高空作业不准向上或向下乱抛工具、材料等物品。防止架子上和高梯上的工具、材料等物品落下伤人；防止地面堆放管材滚动伤人。

（4）交叉作业，要特别注意安全。

（5）施工现场应按规定地点动火作业，备置消防器材并设专人看管火源。

（6）各类机械设备要有安全防护装置，要按操作规程操作，应对机械设备经常检查保养。

（7）吊装区域禁止非操作人员进入，吊装设备必须完好，严禁吊臂、吊装物下站人。

（8）夜间在暗沟、槽、井内作业，要有足够照明设施和通气孔口，行灯照明要有防护罩，要使用36V以下安全电压，金属容器内的照明电压应为12V。

2. 生产工人的安全责任

(1) 认真学习严格执行安全技术操作规程,自觉遵守安全生产规章制度。

(2) 积极参加安全活动,认真执行安全交底,服从安全员的指导,不违章作业。

（3）发扬团结互助精神,互相提醒、互相监督,安全操作,对新工人传授安全生产知识,要正确使用和维护安全设施和防护用具。

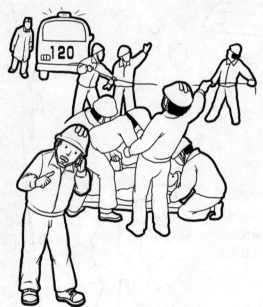

（4）发生伤亡和未遂事故,要保护好现场,立刻上报。

3.安全事故易发点

(1)雷电,下雨施工现场易发生淹溺、坍塌、坠落、雷电触电等,酷热天气露天作业易发生中暑,室内或金属容器内作业,易造成昏晕及休克。

(2)工程竣工收尾阶段易发生事故,高空作业易发生坠落,深坑作业易发生坍塌,夜间施工,后半夜比前半夜易发生事故。

（3）节假日，探亲假前后，思想波动大易发生事故，小工程和修补工程易发生事故。

（4）新工人安全技术意识淡薄，好奇心强，往往忽视安全生产，易发生安全事故。

4.文明施工

（1）施工现场要保持清洁，材料堆放整齐有序，无积水，要及时清运生活和建筑垃圾。

（2）施工现场严禁大小便，施工区、生活区划分明确。

（3）生活区内无污水，宿舍内外整洁、干净，通风良好，不乱扔杂物，乱倒垃圾。

（4）施工现场厕所要有专人负责清扫，并有灭蚊、灭蝇、灭蛆措施，粪池必须加盖。

（5）严格遵守各项管理制度，不野蛮施工，及时回收零散材料，爱护公物。

（6）夜间施工严格控制噪声，做到不扰民。挖管沟作业时，尽量不影响交通。

5. 油漆工的防火

(1) 施工所用材料, 如油漆、清漆、酒精等稀释剂, 属易燃材料, 要远离火源。

(2) 容易自燃的材料要存放在通风良好的地方保管。

(3) 使用火焰设备作基层处理, 要远离易燃物, 施工完毕, 要仔细检查是否有火灾隐患。

(4) 会使用灭火工具,掌握灭火方法,发生火情立即拨打119报警。

6. 油漆工的防毒

(1) 油漆、涂料、稀释剂等材料中含有有毒物质,如苯、甲苯等,在成膜过程中弥散到空气中,使空气中氧减少,容易引起窒息,甚至危及生命。

(2) 室内施工要打开门窗,确保空气流通,如受施工环境限制,通风条件不好,要带防毒口罩,缩短工作时间或轮班工作。

（3）操作时要穿工作服，戴手套，尽量避免漆料洒溅到身上，以防引起接触性皮炎。

7.油漆工的防尘

（1）清除基层墙面，砂纸打磨作业会产生很多粉尘，会伤害眼睛和呼吸器官。所以，要戴防护眼镜和口罩操作。

（2）室内作业要打开门窗，尽量通风，清扫粉末时，要洒水，尽量采取湿作业。

8.油漆工的防划伤、防坠落

(1) 搬运、安装、切割玻璃时，要注意安全，以防伤手。落地门窗、玻璃隔断等大玻璃安装完成后，要设立醒目标志。

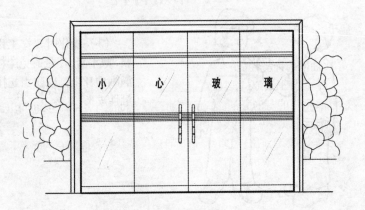

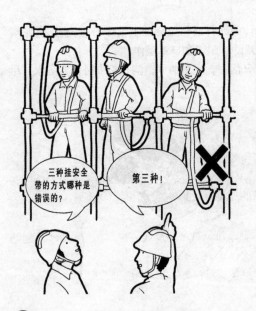

(2) 高空作业要戴安全带，使用脚手架、吊篮、梯子作业时，应检查是否牢固，采取多种安全措施。

三、常用材料

1.油漆的种类性能

（1）以干性油为主要原料，经酚醛、醇酸等合成树脂改性的涂料称油漆，常用的有酚醛油漆、醇酸油漆等。油漆有各种颜色，也可以调色，涂刷后可以覆盖基层表面。

（2）清漆无颜色，透明，涂刷后可以保持基层表面原有的颜色和花纹图案。常用的有酚醛清漆、醇酸清漆等。

2.涂料的种类性能

以合成树脂为成膜材料的称涂料。

（1）装饰涂料：涂刷建筑物内外表面起到美化作用。涂料涂刷在建筑物基层，形成完整的涂膜覆盖基层，起到保护作用，延长建筑物的使用寿命。

（2）防水涂料：涂刷在建筑物基层形成完整封闭的防水层，起防水作用。

（3）防火涂料：涂刷在建筑材料、建筑物表面起阻燃、隔火的作用，延缓火焰传播速度。

(4) 防腐涂料：具有抗酸、碱、盐的作用，涂刷后与建筑物表面形成隔离层，延缓腐蚀。

(5) 防霉涂料：具有杀菌、抑制霉菌生长作用，涂刷在物体表面，起杀菌作用。

3. 涂料的分类

(1) 涂料以主要成膜物质为基础可分为17大类

涂 料 分 类

序号	代号（汉语拼音字母）	按成膜物质划分类型	主要成膜物质
1	Y	油脂漆类	天然动、植物油、清油（熟油）、合成油
2	T	天然树脂漆类	松香及其生物、虫胶、乳酪素、动物胶、大漆及其衍生物
3	F	酚醛树脂漆类	改性酚醛树脂、纯酚醛树脂
4	L	沥青漆类	天然沥青、石油沥青、煤焦油沥青
5	C	醇酸树脂漆类	甘油醇酸树脂、季戊四醇醇酸树脂及其他改性醇酸树脂
6	A	氨基树脂漆类	脲醛树脂、三聚氰氨甲醛树脂、聚酰亚胺树脂
7	Q	硝基漆类	硝酸纤维素
8	M	纤维素漆类	乙基纤维、苄基纤维、羟甲基纤维、醋酸纤维、醋酸丁酸纤维、其他纤维及醚类
9	G	过氯乙烯漆类	过氯乙烯树脂
10	X	乙烯漆类	氯乙烯共聚树脂、聚醋酸乙烯及其共聚物、聚乙烯醇缩醛树脂、聚二乙烯乙炔树脂、含氟树脂
11	B	丙烯酸漆类	丙烯酸酯树脂、丙烯酸共聚物及其改性树脂
12	Z	聚酯漆类	饱和聚酯树脂、不饱和聚酯树脂
13	H	环氧树脂漆类	环氧树脂、改性环氧树脂
14	S	聚氨酯漆类	聚氨基甲酸酯
15	W	元素有机漆类	有机硅、有机钛、有机铝等元素的有机聚合物
16	J	橡胶漆类	天然橡胶及其衍生物、合成橡胶及其衍生物
17	E	其他漆类	不包括在以上所列的其他成膜物质

（2）根据涂膜分子结构涂膜类型分为三类

部分涂料的基本名称代号

名　称	代号	名　称	代号	名　称	代号	名　称	代号
清油	00	清漆	01	厚漆	02	调和漆	03
磁漆	04	烘漆	05	底漆	06	腻子	07
水溶性漆、乳胶漆、电泳漆	08	大漆	09	锤纹漆	10	皱纹漆	11
裂纹漆	12	晶纹漆	13	透明漆	14	斑纹漆	15
铅笔漆	20	木器漆	22	罐头漆	23	(浸渍)绝缘漆	30
覆盖绝缘漆	31	绝缘磁(烘)漆	32	(粘合)绝缘漆	33	漆包线漆	34
硅钢片漆	35	电容器漆	36	电阻漆、电位漆	37	半导体漆	38
防污漆、防蛆漆	40	水线漆	41	甲板漆、甲板防滑漆	42	船壳漆	43
船底漆	44	耐酸漆	50	耐碱漆	51	防腐漆	52
防锈漆	53	耐油漆	54	耐水漆	55	防火漆	60
耐热漆	61	示温漆、变色漆	62	涂布漆	63	可剥漆	64
粉末涂料	65	感光涂料	66	隔热漆	67	地板漆	80
鱼网漆	81	锅炉漆	82	烟囱漆	83	黑板漆	84
调色漆	85	标志漆、马路划线漆	86	胶液	98	其他	99

（3）涂料辅助材料

稀释剂(X)；防潮剂(F)；催干剂(G)；脱漆剂(T)；固化剂(H)；增塑剂(Z)。

4.建筑涂料的选择

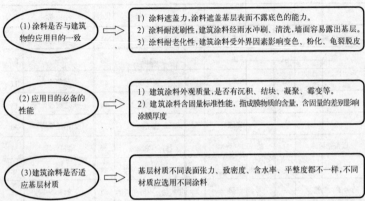

(1) 各种基层材质的特点：

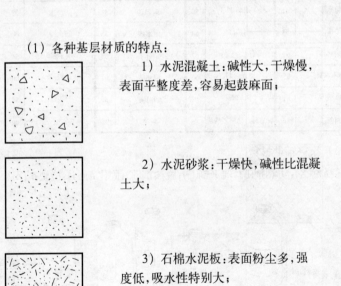

1）水泥混凝土：碱性大，干燥慢，表面平整度差，容易起鼓麻面；

2）水泥砂浆：干燥快，碱性比混凝土大；

3）石棉水泥板：表面粉尘多，强度低，吸水性特别大；

4）石棉板：表面粉尘多，强度较高，吸水性底；

5）石膏板：强度差，含水率底，吸收性一般；

6）钢材：强度大，受温度变化易胀缩，易锈蚀；

7）木材、三合板：含水率变化大，易泛色；

8）塑料材料：表面光滑有增塑剂迁移，不易着色。

（2）涂料的性能与适应的基层材质
1）溶剂型涂料
① 醇酸树脂漆：耐水、耐油、耐候性良好，适应木材、钢材基层；
② 酚醛树脂漆：耐水、耐酸、耐油性良好，适应木材、钢材基层；
③ 硝基漆：耐水、耐油、耐候性良好，适应木材、钢材基层；

④ 丙烯酸树脂涂料：耐水、耐酸、耐碱、耐油、耐候性良好，适应水泥基层；

⑤ 无机涂料：耐水、耐酸、耐油、耐候性良好，适应水泥基层。

2）水乳型涂料

① 醋酸乙烯涂料：耐酸性良好，耐油、耐碱一般，适应木材、水泥基层；

② 水性丙烯酸涂料（有光）：耐碱、耐酸、耐油性良好，适应木材、水泥基层。

3）双组分型涂料

① 环氧树脂涂料：耐水、耐酸、耐碱、耐油性很好，适应水泥、钢材、铝材基层；

② 聚氨酯涂料：耐水、耐酸、耐碱、耐油、耐候性很好，适应水泥、钢材、木材、铝材基层；

③ 聚氨酯丙烯酸涂料：耐水、耐酸、耐碱、耐候性良好，适应水泥、木材、钢材基层；

④ 聚酯涂料：耐水、耐酸、耐碱、耐油性良好，适应钢材、铝材基层；

⑤ 有机硅丙烯酸涂料：耐水、耐酸、耐碱、耐油、耐候性很好，适应木材、水泥、钢材、铝材基层；

⑥ 含氟涂料：耐水、耐酸、耐碱、耐油、耐候性很好，适应木材、钢材、水泥、铝材基面。

5.腻子的种类及用途

（1）根据材料不同分为熟石膏粉、滑石粉、大白粉，加入胶粘材料和水调制腻子，现在基本使用成品腻子粉加乳胶、水，调制而成，非常方便，好用。

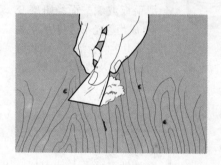

（2）基层材料表面往往存在裂纹、凹坑、虫眼、钉眼等，用腻子把基层表面缺陷修补填平，用砂纸打磨平整后，再用涂料涂刷，遮盖基层缺陷，更好地发挥涂料作用。

6.玻璃的种类及用途

建筑常用玻璃：

（1）平板玻璃：透明、透光、表面光滑，主要用于建筑门窗玻璃。

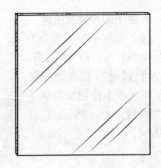

（2）磨砂玻璃：毛玻璃，把平板玻璃一面经研磨变毛，成为透光不透明状，主要用于卫生间、浴室、实验室门窗玻璃及玻璃隔断等。

（3）压花玻璃：一面压有凹凸花纹，一面光滑，透光、半透明，起美观、装饰作用，主要用于浴室、卫生间、隔断门窗等。

（4）磨光玻璃：将平板玻璃再研磨抛光，使之更光洁透亮，透视物体不变形，主要用于高档建筑门窗，加工制作镜面玻璃。

（5）彩色玻璃：分透明、不透明、平板、压花等，起装饰作用，主要用于高档建筑的门窗。

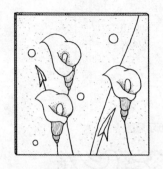

(6) 其他玻璃：钢化、夹丝、防爆、防火、中空、双层玻璃等，用于有特别要求的部位。

7. 镶嵌材料的种类用途

(1) 玻璃油灰的种类：

1) 亚麻仁油灰主要用于木门窗粘贴玻璃；
2) 金属油灰主要用于粘贴钢门窗玻璃；
3) 橡胶油灰可粘贴木门窗和金属门窗玻璃。

(2) 橡胶嵌条(密封条)主要用于铝合金、塑钢门窗玻璃嵌条,防水、防振,使用寿命较好。

(3) 密封胶,主要用于密封条件要求较高的门窗玻璃的粘贴,防水防尘等效果更好。

8. 壁纸的种类、性能及用途

(1) PVC壁纸：无毒、防霉、透气性较好,可擦洗,室内装饰应用较多。

(2) 乙烯壁纸、壁布：质地柔软、耐磨、美观、防潮，可刷洗,多用于高档室内装饰。

(3) 浮雕型壁纸：由发泡剂产生凸起图案,立体感很强且美观,用于宾馆饭店室内装饰。

PVC 壁纸示意图

乙烯壁纸示意图

浮雕壁纸示意图

（4）带胶壁纸：壁纸背面生产时已涂刷胶粘剂，直接与墙壁粘贴，不用刷胶，施工方便。

9.常用胶粘剂

(1) 108胶水：无色透明胶水，具有杀菌防霉作用，粘贴力较好，配制方便，使用广泛。

(2) 乳胶、白胶：耐水性，粘贴强度较好，含水量大，粘贴成本较高，使用比较广泛。

(3) 壁纸专用胶：粉状，按使用说明兑一定量水即可粘贴，广泛使用，粘贴效果很好。

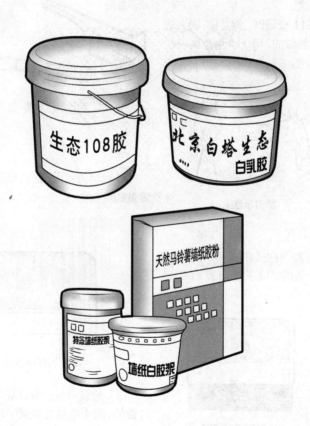

四、常用工具机械

1. 处理基层表面的常用工具及用途

(1) 金属刷、钢丝刷：刷毛是用钢丝做的，用于清除金属表面的锈蚀。

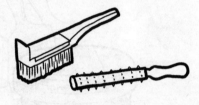

钢丝刷示意图

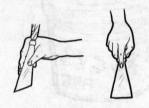

铲刀示意图

(2) 铲刀：用于铲除基层表面零散的堆积物。

(3) 钢皮刮板：刃口是用薄钢片做的，用于基层表面填刮腻子。

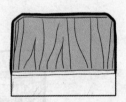

钢皮刮板示意图

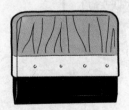

橡皮刮板示意图

(4) 橡胶刮板：刃口是用橡胶片做的，用于填刮较厚腻子和曲面基层腻子。

2.常用涂刷工具

（1）油漆刷的规格及用途

1）规格

1吋(25mm)；1.5吋(38mm)；2吋(50mm)；2.5吋(63mm)；3吋(76mm)。

2）用途

油漆刷主要用于涂刷油漆类涂料，根据基层表面大小，选用刷子规格，小面积基层用小刷子，大面积基层用大刷子涂刷。

3）使用方法

右手握住刷子，少量蘸油漆，避免滴落，靠手腕活动顺纹涂刷。涂刷要均匀，漆刷用完后，可泡在水里，再用时，把水甩掉即可使用，若长期不用，要用清洗剂洗干净晾干，平放保存，以备下次再用。

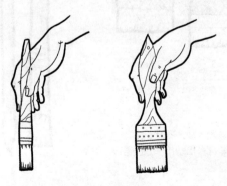

油漆刷握法示意图

(2) 传统工艺刷具
1) 漆刷：刷大漆使用的一种刷具。
2) 棕刷：基层处理使用的一种刷具。
3) 涂刷辅助刷具：底纹刷、油画笔、毛笔等。

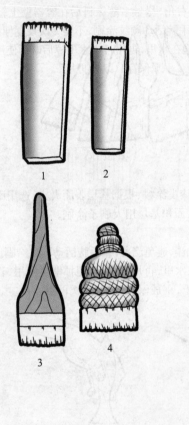

1—漆刷（刷大漆为主）；2—小漆刷；
3—底纹笔；4—棕刷；5—油画笔；6—毛笔

（3）排笔的规格及用途

1）排笔规格：分4管排笔、8管排笔、10管以上等规格。

2）排笔用途：小规格排笔可涂刷黏度较小的清漆类涂料，大规格排笔主要用于涂刷水性涂料及大面积基层表面。

3）使用方法：握住排笔右角，尽量多蘸涂料后在容器壁上轻碰几下，使涂料集中在笔毛上，靠手腕活动顺纹涂刷，不要多次反复回刷，涂刷要均匀。排笔用完后，可泡在水里，再用时把水甩掉后既可使用。若长期不用，应清洗干净，晾干，平放保存，以备再用。

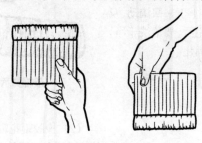

排笔握法示意图

涂刷示意图

3. 辊具的种类及用途

（1）一般辊刷（人造毛辊具）

1）用途：用于大面积基层表面的涂刷，操作方便，效率高，抹灰墙面多采用辊刷操作。

2）使用方法：把辊刷放入涂料容器内，待毛辊吸足涂料后，在容器内抖动，抖掉毛辊上过多涂料，握住手柄，用力均匀地上下来回滚动，反复操作。辊刷用完后，要清洗干净，防止涂料和辊毛固化。

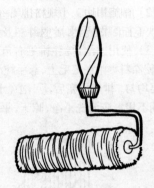

一般辊具示意图

（2）橡胶辊花辊具（艺术辊具）有双辊筒和三辊筒两种。

1）用途：用于墙壁表面滚印各种规格花纹、图案，具有艺术装饰效果。

2）使用方法：把涂料装入料斗内，从墙壁一侧开始，由上而下，从左向右，手要保持平稳，垂直滚动，起始点要保持同样花纹，一次滚到底，边缘处用配套边角辊筒。

艺术辊具示意图

(3) 泡沫塑料辊具

用于室内墙面等装饰涂刷，对墙壁、顶棚涂刷后，能够形成粗细粒状毛面图案效果，质感很好。

硬橡皮辊具示意图

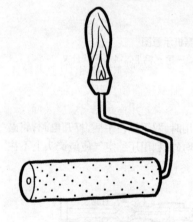

泡沫塑料辊具示意图

(4) 硬橡皮辊具

可用于内外墙壁涂料涂刷，能够在凹凸形状花纹进行套色，也能够把厚涂层压成扁平状、云彩状、苔藓状的花纹。

(5) 艺术辊具每次使用完后，必须清洗干净，特别是花纹、凹槽部位，不许留有剩余涂料，以免影响下次滚刷效果。

4. 除锈机具的构造及用途

(1) 手提式角向磨光机

手提式角向磨光机用于打磨除锈，使用时，双手握住角磨机，打开电源，使刷盘接触物体表面进行摩擦，用力均匀，达到除锈目的，可根据锈蚀程度选用砂轮片或刷盘。

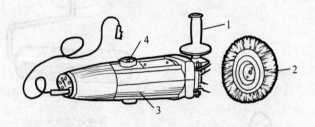

手提式角磨机示意图
1—手柄；2—刷盘（砂轮片）；3—磨光机主体；4—电源开关

(2) 烤铲枪

烤铲枪是通过振动来除锈，使用时，双手握住手柄，打开电源，将敲铲头接触金属表面，掌握平衡用力均匀，利用压缩空气使敲铲头上下往复运动，敲打物体锈蚀表面达到除锈目的。

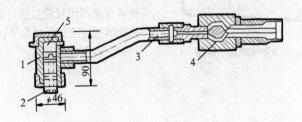

烤铲枪示意图
1—套筒；2—敲铲头；3—手柄；4—开关；5—气罐

(3) 电动刷、风动刷、电动砂皮机

以电、压缩空气为动力带动钢丝刷,砂片作往复运动,摩擦金属表层,达到除锈目的。

5.手提式搅拌机

手提式搅拌机用于在容器内搅拌涂料,使用时,双手握住手柄,将叶轮插入涂料容器内,打开电源开关,叶轮转动,带动涂料旋转,将涂料搅拌均匀,叶轮不得与容器碰撞。

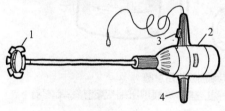

手提式搅拌机示意图
1—叶轮;2—电机;
3—开关;4—手柄

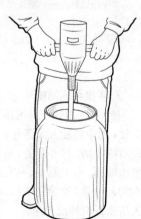

搅拌示意图

6. 电动喷浆机

电动喷浆机是通过动力、压力将涂料喷涂到物体上,使用时,将涂料搅拌均匀,把吸浆管插入储浆桶,手拿喷浆头对准墙壁,打开电源,由上而下,从左向右,均匀喷涂。电动喷浆机适用于大面积墙壁、顶棚的喷涂。喷涂完毕后,将吸浆管插入清水桶里开机冲洗,把喷浆机、管子内的剩余涂料冲掉。

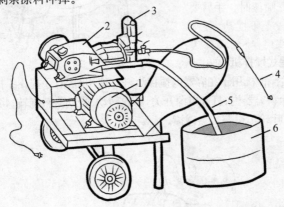

电动喷浆机示意图
1—电动机;2—活塞泵;3—稳压室;4—喷浆头;5—吸浆管;6—储浆桶

7. 手提斗式喷枪

使用时,用软管接通压缩空气,把涂料装入涂料斗,手握喷枪手柄,打开开关,对准喷涂墙面,由上而下,从左向右均匀喷涂,喷涂完毕后,装入清水开机冲洗干净。

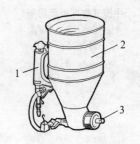

手提斗式喷枪示意图
1—手柄;2—喷枪装料斗;3—喷料嘴

8.喷漆枪(PQ-2)

喷漆枪主要用于油漆类涂料的喷漆,使用时,把稀释后的油漆倒入涂料罐,接通压缩空气,压力为0.5kg左右,手握喷枪,扳动开关,即可喷涂。喷漆时,手臂要不断左右或上下摆动,使喷出的漆雾均匀喷到物体表面。喷漆完成后,必须用清洗剂把残余在喷枪内的油漆清洗干净。

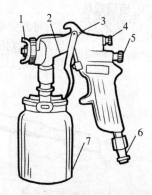

PQ-2型喷漆枪示意图

1—空气喷嘴旋钮;2—针阀;3—开关;4—控制阀;
5—针阀调节螺栓;6—压缩空气接头;7—涂料罐

9.彩弹机

主要用于高、中级装饰工程,可以把多种颜色弹射到墙面上,形成自然规律的线条或直径1~2mm的彩点。

彩弹机构造示意图

10.玻璃裁具

(1) 玻璃刀：大号刀可裁划厚度8mm以下的玻璃；
中号刀可裁划厚度5mm以下的玻璃；
小号刀可裁划厚度3mm以下的玻璃。

(2) 工作台：台面要平整、结实、牢固，满铺3mm以上的毛毯。
(3) 平板尺（靠尺）：平面要平，厚度5mm左右，倒角、侧面必须笔直。
(4) 玻璃吸盘：用于大规格玻璃安装、搬运的工具。
(5) 裁划方法：把玻璃平放在工作台上，将裁划位置擦干净，量好裁划尺寸，留出刀口2mm左右；左手压住靠尺，右手拿刀，裁划时掌握刀口角度不能变动，刀子不能左右摆动；裁划时不能停顿，一次裁划到底，绝对不许重复裁划同一刀口；裁划后，把刀口位置挪置工作台边缘，双手握住玻璃向下抖压。

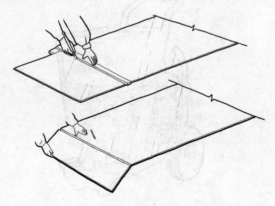

裁划玻璃示意图

11. 裱糊工具

裱糊工具示意图

裱糊方法：把壁纸打开平放在工作台上，按裱糊高度用壁纸刀裁纸，留出100mm余量，把裁好的壁纸背面喷水湿润，用胶刷往墙壁均匀涂刷胶水；将湿润后的壁纸均匀涂刷胶水，双手托起壁纸竖向垂直粘贴，用壁纸刷由上而下将壁纸刷贴在墙壁上，用刮板左右刮平，赶除气泡，在用橡胶辊滚动压实；壁纸竖缝要对严密，不许横向接缝，粘贴要牢固，把上下余量裁掉，用干净毛巾把残余胶水擦干净。

五、基层的处理

1. 基层处理的主要方法

(1) 用铲刀、砂纸、钢丝刷等手工工具,清除基层表面的杂物、灰尘、旧涂料、锈蚀。

铲刀铲示意图

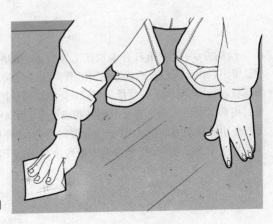

砂纸打磨示意图

(2) 用角磨机、喷砂、电动机具,清除基层表面杂物和严重的锈蚀。

机具打磨示意图

(3) 用化学方法清除基层表面难以清除的油脂、酸碱物和颜色。
(4) 用化学反应方法改变基层材料的性能,与施工涂料性能相容。

2. 木质面基层处理方法

木材材质纤维,材质密度会影响涂料渗透性。

(1) 用细砂纸打磨,清除木质基面的灰尘、污垢,刮腻子填平钉眼和粗纹理等表面缺陷,刷虫胶漆(漆片)封闭,防止木材树脂渗出,影响装饰效果。

砂纸打磨示意图

刮腻子示意图

（2）木质基面颜色深浅不均时，要保证木纹清晰的效果，可用过氧化氢、氨水，加水稀释后均匀涂刷，起漂白作用，使木基面颜色一致。

3.水泥面基层处理方法

水泥基层面化学特性是强碱性。

（1）用3%的草酸溶液或8%的盐酸溶液擦洗，泛碱、析盐后用清水冲刷，用洗涤剂擦洗基层表面上的油性污垢。

（2）刮腻子填平，修补基层表面裂缝、麻面、气孔等缺陷。

（3）基层一般涂刷水性涂料，在基层表面喷涂3%的108胶水，可增强附着力。

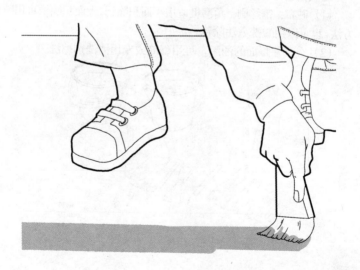

4.石灰浆面基层处理方法

石灰浆面基层必须干燥后再涂刷。

（1）刮腻子填平修补小的裂纹、孔洞，裂缝大于6mm，应把裂缝铲成V字形，用石灰砂浆填平后再刮腻子。

（2）基层如有泛碱，可用正磷酸溶液刷洗后，清水擦干净。如有油性物，可用松香水擦涂。

5.金属面基层处理方法

金属面基层容易氧化、腐蚀生锈。

（1）砂布、钢丝刷、角磨机适用小面积除锈，大面积除锈可用喷砂方法，也可以用酸洗方法除锈。

（2）金属基层面的油污，可用碱液或专用清洗剂擦洗。

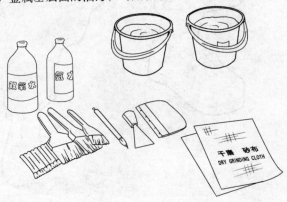

6.旧涂膜基层处理方法

旧涂膜基层处理就是清除原涂膜。

(1) 用砂纸、钢丝刷、打磨方法清除旧涂层;
(2) 用喷灯烧烤旧涂层,起卷后用铲刀铲除;
(3) 用稀释后的火碱水刷洗旧涂层;
(4) 用脱漆剂刷洗旧涂层。

用喷灯烧烤涂层示意图

六、施涂工艺技法

1. 施涂工序
(1) 清除

(2) 嵌批　　　　　　　(3) 打磨

(4) 调配

(5) 刷涂（擦涂、喷涂、滚涂、弹涂）

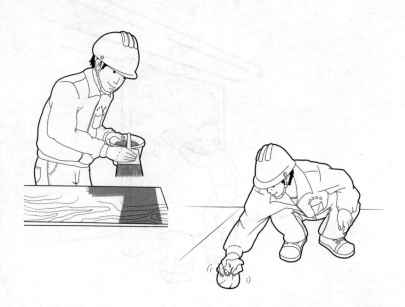

2. 清除工具及使用方法

(1) 铲刀：工人手握铲刀45°顺木纹铲除木面涂层，水性涂料喷水湿润后铲除。

(2) 金属刷：铜丝、钢丝两种，工人手握刷子，另一只手压在刷子上面，用力前后推拉摩擦。

(3) 动力钢丝刷：工人双手握住刷子，打开电源，使刷盘接触物体表面，进行摩擦，用力要均匀，根据物体表面形状更换刷头。

(4) 除锈枪：枪头有平头，用于平面清除；针尖形枪头用于小凹坑，把针尖对准凹坑除锈。

(5) 化学清除剂：松香水、碱溶液、酸洗、脱漆剂等。用刷子把溶液涂抹到物体表面，待化学反应后清除，再用清水冲洗。

(6) 喷枪：用喷枪火焰烧烤物体表面，用钢丝刷清除锈蚀、涂层。

3. 嵌批腻子顺序和方法

嵌是把基层面缺陷用腻子填平；批是把基层面全部满刮腻子。

（1）嵌批腻子,用腻子嵌补基层面裂缝、孔洞、凹坑缺陷时,腻子嵌补要高出基层面。

（2）以基层高处为基准面,由上而下,从左向右用力均匀一次刮下,先刮平面后刮阴、阳角。头遍腻子要刮实,二遍腻子要刮平,三遍腻子要刮光；木质基面顺木纹批刮。

（3）使用铲刀填补基层缺陷时,用食指压住刀片,其余四指握住刀柄。

（4）使用橡胶刮板,拇指放在板前,其余四指放在板后,倾斜60°~80°,用力按住刮板批刮,主要用于批刮厚腻子和弧形、圆柱等基层面。

（5）钢皮刮板主要用于基层平面批刮腻子,使用方法和使用橡胶刮板一样。

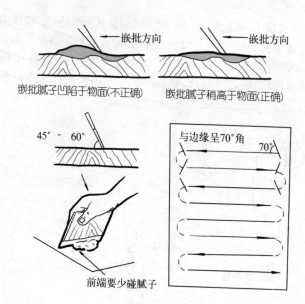

嵌批方法示意图

4.常用腻子的调配、性能及用途

按使用材料的体积比例调配：

(1) 石膏腻子：石膏粉10份、熟桐油7份、松香水1份、水6份，把熟桐油和松香水倒在容器内，搅拌后加入石膏粉，加水搅拌均匀。石膏腻子质地坚韧，批刮方便，容易打磨；用于室内抹灰面、钢木门窗、木制家具等。

(2) 胶油腻子：石膏粉0.4份、老粉10份、熟桐油1份、纤维胶8份，掺在一起搅拌均匀。其质地坚韧、滑润、附着力好、容易打磨，适用抹灰面涂刷水性涂料。

(3) 水粉腻子：老粉1份、水1份、颜色适量，搅拌均匀，批刮容易，干燥快，着色均匀，适用木材面刷清漆。

(4) 油粉腻子：老粉14份、熟桐油1份、松香水5份。其颜色适量，搅拌均匀，质地牢固，可露出木纹，干燥较慢，适用木材面填补棕眼、缺陷等。

(5) 虫胶腻子：稀虫胶漆1份、老粉2份。其颜色适量，搅拌均匀，其质地坚硬牢固，易于着色干燥快，适用木材面填补缺陷，刷油漆。

(6) 内墙涂料腻子：石膏粉2份、滑石粉2份、内墙涂料10份，放在容器内搅拌均匀。其干燥快，容易打磨，适用内墙批刮，刷涂料面层。

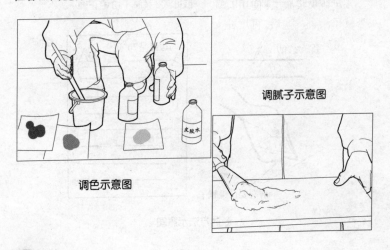

调色示意图

调腻子示意图

5. 木质基层腻子的嵌批

（1）色漆面涂层：使用石膏油腻子，待清油干后，再批刮腻子。

（2）清漆面涂层：使用颜色和基层底色相同的石膏油腻子，待清油干后批刮腻子。

（3）聚氨酯清漆涂层：使用颜色和基层底色相同的聚氨酯清漆腻子批刮。

6. 水泥抹灰面腻子的嵌批

（1）调合漆涂层：使用石膏油腻子批刮不宜打磨，尽量批刮平整。

（2）大白浆涂层：使用与涂层颜色相同大白腻子或菜胶腻子，满批嵌补。

（3）过氯乙烯漆涂层：使用成品腻子，底漆干后再刮，不能刮得太厚。

（4）石灰浆涂层：使用石灰膏腻子涂刷一遍后，再填补刮平。

调刮腻子示意图

7. 金属面层腻子的嵌批

(1) 防锈漆、色漆涂层：使用石膏油腻子，加入适量的厚漆或红丹粉增加干性，待防锈漆干后嵌补。

(2) 喷漆涂层：使用石膏或硝基腻子，在底漆干后再批刮，硝基腻子干燥很快，坚硬不易打磨，批刮要快，尽量批刮平整。

8. 手工打磨方法

基层处理，批刮腻子，涂刷施工时，都需要砂纸打磨。

(1) 根据涂膜硬度，打磨量，粗糙程度，选用不同型号砂布、砂纸，按涂膜性质使用干砂纸或水砂纸，水性涂料干打磨，含铅涂料，硬质涂料蘸水湿打磨。

(2) 打磨时，先用粗砂纸或砂布将凸出部位打磨平整，再用细砂纸或砂布打磨光滑。

(3) 用砂纸夹板(专用工具)把砂布夹住或把砂布缠绕在平整的木板上，一手拿住，一手按在上面，用力均匀来回摩擦，打磨。

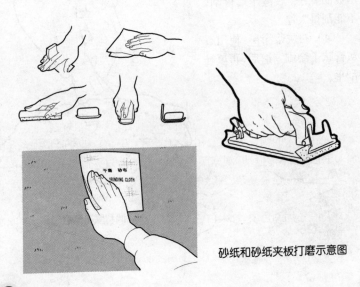

砂纸和砂纸夹板打磨示意图

9.涂料颜色调配

(1) 颜色原理

1) 原色:红、黄、蓝。三种颜色不能用其他颜色配制,三种原色按一定量混合得到黑色。

2) 间色:橙、绿、紫色是由两种原色按一定量混合而成的颜色。

3) 复色:柠檬黄、橄榄色、枯叶色是由三种原色或两种间色按一定量混合而成的颜色。

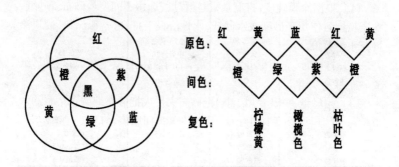

三种原色、间色、复色的相互关系图

(2) 涂料调色要点

1) 型号、品质、性能一样的涂料之间,颜色可以调配。

2) 用量大的颜色为主色,用量少的颜色为辅色,调配时把辅色逐渐加入主色中,不停搅动,观察颜色变化,搅拌均匀达到要求颜色为止。

3) 调配颜色是复杂、细致的工作,依靠色卡,主要靠经验和理解(色头)来操作。

4) 在不同颜色中,加入白色,使颜色变浅;加入黑色,使颜色明亮程度变化。

5) 涂料颜色湿的时候较浅,干后变深,所以调色时要注意。

（3）常用涂料颜色的配比

颜色名称	配 比 （%）		
	主色	次色	副色
粉红色	白色 96	红色 4	
赤黄色	中黄色 60	铁红色 40	
棕色	铁红色 50	中黄色 25 紫红色 12.5	黑色 12.5
咖啡色	铁红色 74	铁黄色 25	黑色 6
奶油色	白色 96	黄色 4	
苹果绿色	白色 94.6	绿色 3.6 黄色 1.8	
天蓝色	白色 95	蓝色 4	
浅天蓝色	白色 98	蓝色 2	
深蓝色	蓝色 90	白色 10	
墨绿色	蓝色 56	黑色 7 黄色 37	
草绿色	黄色 65	中黄色 20	蓝色 15
湖绿色	白色 75	蓝色 10 柠檬黄 10	中黄色 5
淡黄色	白色 60	黄色 40	
橘黄色	黄色 92	红色 7.5	淡蓝色 0.5
紫红色	红色 95	蓝色 5	
肉色	白色 80	桔黄色 17	红色 27.5 蓝色 0.25
银灰色	白色 92.5	黑色 5.5	淡蓝色 2
白色	白色 99.5		群青色 0.5
象牙白	白色 99.5		淡黄色 0.5

（4）以白色色浆为主调配色浆,颜料用量配比

颜色名称	颜料名称	配合比（占白色原料%）
浅蓝色	红土紫色 土黄色	0.1～0.2 6～8
米黄色	朱红色 土黄色	0.3～0.9 3～6
草绿色	砂绿色 土黄色	5～8 12～15
浅绿色	砂绿色 土黄色	4～8 2～4
蛋青色	砂绿色 土黄色 群青色	8 5～7 0.5～1
浅蓝灰色	普蓝色 墨汁色	8～12 少许
浅藕荷色	朱红色 群青色	4 2

10.涂料调稠方法

涂料储存的时间、气候、温度变化,使涂料变稠,施涂前用稀料稀释,利于涂刷。稀释剂与涂料成膜物质的性能必须相容,用量一般不超过60%。

(1)油性漆、脂胶漆、钙脂漆:用200号溶剂汽油、松节油稀释,也可用汽油代替。

(2)酚醛漆、中油度醇酸漆、沥青烘漆、环氧树脂漆:用X-6醇酸漆冲洗剂、X-7环氧树脂漆冲洗剂、200号溶剂汽油、松节油稀释,也可用汽油代替。

(3)纯酚醛漆、短油度醇酸漆、沥青漆、氨基漆:用二甲苯、X-4氨基漆冲洗剂稀释,也可用3∶2的汽油和香蕉水混合液代替。

(4)硝基漆、过氧乙烯漆、快干丙烯漆(只能作底漆用):用X-1、X-2硝基漆稀释剂、X-3过氧乙烯稀释剂、X-5丙烯酸稀释剂稀释。

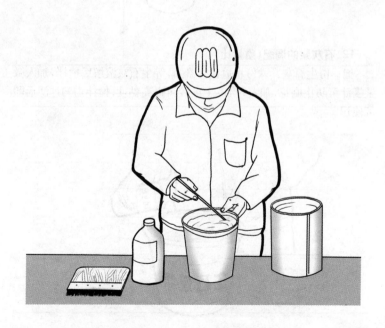

11. 大白浆的调配（重量比）

用老粉100、聚酯酸乳液8、纤维素胶35、水140，把大白粉倒入容器内加水搅拌成糊状，边搅拌边加入纤维素胶，充分搅拌后，加入聚酯酸乳液搅拌均匀，用80目铜丝箩过滤后即可使用。

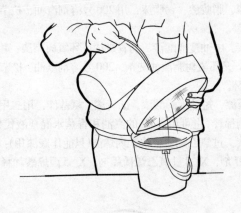

12. 石灰浆的调配（重量比）

把一份生石灰、六份水放在容器内，等生石灰溶解后搅拌，加入微量墨汁可防止刷花，加入5%的108胶可提高黏度，搅拌均匀过滤后即可使用。

13. 虫胶漆的调配（重量比）

虫胶漆也叫漆片，用虫胶片1和酒精4配制的，可根据气候、温度，适量增加酒精的比重，把酒精倒入玻璃容器内，加入虫胶片搅拌，待虫胶片充分溶解后即可使用。酒精易挥发，最好随配随用。

14. 色配方法

着色于木质基层面的颜色叫色配，溶解于水的颜料、浆料叫水色。在木制品表面涂抹水色，改变表层颜色，达到美观的效果。

水色调配示意图

（1）水色的调配

用酸性颜料或染料加清洁的软水或开水配制水色，涂抹木制品后，纹理清晰、透明，色泽艳丽，如用不透明氧化铁红、氧化铁黄，要用开水全部溶解后再配制。

常用水色调制配合比例：
1) 柚木色：用4%黄纳粉，2%墨汁，94%开水调配；
2) 深柚木色：用3%黄纳粉，5%墨汁，92%开水调配；
3) 栗壳色：用13%黄纳粉，24%墨汁，63%开水调配；
4) 深红木色：用15%墨纳粉，18%墨汁，67%开水调配；
5) 古铜色：用5%黄纳粉，15%墨汁，80%开水调配；
6) 荔枝色：用7%黄纳粉，3%墨汁，90%开水调配；
7) 蟹青色：用2%黄纳粉，9%墨汁，89%开水调配。

（2）酒色的调配

用虫胶漆、硝基清漆、聚氨酯清漆，加颜料调配成酒色，涂抹后可露出木纹，颜色均匀一致，作用于铅油和清油之间，起封闭作用。

酒色调配示意图

（3）油色的调配

调配油色和调配铅油大致相同。在主色铅油里加稀释剂搅拌,再加辅色铅油搅拌,达到所需颜色,涂抹木质表面后,可露出木纹,颜色均匀一致,配色颜料一般为氧化铁。

油色调配示意图

15.刷涂方法

根据涂料的性质、涂刷位置选用刷具。

（1）溶剂型涂料刷涂

1）蘸油:把刷头伸到涂料里蘸2~3次后,在涂料容器壁上拍打一下,马上提起刷具。

2）摊油：把刷子上的涂料刷涂到基面上，用力要均匀适度，刷子向上刷一下，然后向下涂刷，这样可以将刷子两面涂料刷完。

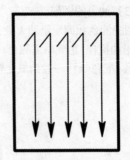

摊油方法示意图

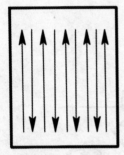

理油方法示意图

3）理油：用力要均匀，一刷挨一刷上下把涂料理顺、理平，使涂膜厚度一致，木质面要顺木纹理油，垂直面上下理油，水平面顺光线理油。

（2）水性涂料的刷涂：

水性涂料比油漆好刷些，一般从门窗边开始，由上而下，从左向右，涂刷厚度要均匀，不能有漏刷和涂料滴落的地方。

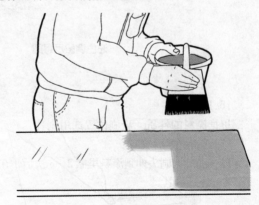

刷涂示意图

16.常用涂料涂刷方法

(1) 清油

木材面要用毛刷顺木纹刷涂均匀,抹灰面用3吋、4吋或16管排笔由上而下,从左向右刷涂,随时调整清油稠度。

(2) 铅油

木材面用毛刷顺木纹刷涂均匀,抹灰面可用毛刷或排笔刷涂,线角处不要刷太厚,一遍铅油要调稀一点,二遍铅油调配油料要多点,涂刷后有光泽。

(3) 调合漆

黏度比较大,最好用硬一点毛刷刷涂,少蘸漆多刷,多理油,用力均匀。

(4) 油基磁漆

最好用短毛刷子刷涂,摊漆面不宜过大,摊漆要均匀,漆量要足,刷涂动作要快,理漆平稳,用力均匀。

(5) 无光油

干燥很快,墙壁、顶棚刷涂可用4吋、5吋大刷子,刷涂要快,接头涂料要刷开,刷均刷平。

(6) 酚醛、醇酸清漆

先横刷或斜刷摊漆,涂刷均匀,木材面要顺木纹理漆,理直,用力逐渐减小,用刷子毛尖收尾。

(7) 硝基清漆

干燥很快,最好用排笔顺木纹一笔挨一笔均匀刷涂,涂刷要快,不要来回刷,以防起皱纹,刷涂层要薄,完全干燥后,再刷二遍、三遍……。

(8) 聚氨酯、丙烯酸清漆

刷涂方法基本和刷硝基清漆相同,每遍刷涂层要薄。

(9) 虫胶清漆

用排笔顺木纹方向用力均匀,刷涂要快,每次蘸油量尽量相同,一笔挨一笔刷,不要来回刷,以防出现漆迹,颜色深浅不一。

(10) 水色

用排笔蘸水色横竖来回均匀涂刷,尽量让水色渗入木材,再顺木纹刷涂,理顺,也可以用湿布蘸水色涂抹。

(11) 石灰浆、大白浆

用排笔由上而下,一笔挨一笔的均匀涂刷,相接处要刷开刷匀。

(12) 聚合物水泥浆

用排笔、毛刷均匀涂刷,尽量使水泥浆渗入基层表面缝隙里,涂刷完后,潮湿养护72小时。

(13) 乳胶漆

用排笔由上而下均匀涂刷,干燥较快,刷面尽量一次完成。

(14) 聚乙烯醇类内墙涂料

用排笔由上而下均匀涂刷,第一遍涂料可以刷厚点;干燥后;第二遍涂料尽量刷薄,刷均匀。

17. 擦涂孔料和颜色

使用软布包做成的工具擦涂。

(1) 擦填孔料

用软尼龙丝蘸腻子在基面上圈涂,使腻子完全填进孔眼。快干时,把多余的腻子粉擦掉,用干净的软包圈擦后,再顺木纹擦,用力均匀,动作要快,不得遗漏,基面干净。

(2) 擦颜色

用刷子把糊状颜色刷在基面上,用湿软包圈擦,把基面的棕眼擦平后,顺木纹直擦,把多余的色浆擦掉,再用干布均匀擦涂,使木纹清晰,颜色一致。

软包擦涂手握法示意图

18.擦涂涂料(硝基清漆)

用软包吸入涂料在基面上擦涂。

(1) 圈涂

手拿软包在基面上均匀地划圈,使涂料渗入基面,涂膜逐渐形成,加厚。

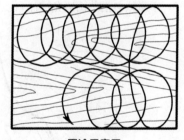

圈涂示意图

(2) 横涂

手拿软包在基面上有规律地划8字形擦涂,逐渐形成涂膜均匀加厚。

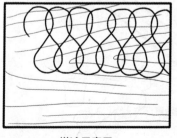

横涂示意图

(3) 直涂

手拿软包在基面上顺木纹直线擦涂,使涂膜均匀形成,光滑。

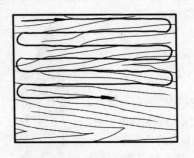

直涂示意图

(4) 直角擦涂

手拿软包沿基面边角擦涂,使边角涂膜和基面涂膜厚度一致。

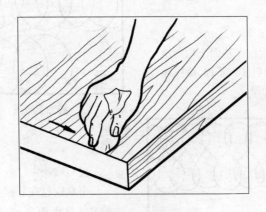

直角擦涂示意图

(5)漆擦工具和特点

使用羊羔毛或马海毛的擦子,根据基面大小,平整度要求,选用长毛或短毛不同规格的擦子,操作简单,没有刷痕,涂膜较厚,适用底漆和渗透性要求高的基面。

19.喷涂种类

(1)空气喷涂

利用喷嘴中形成的负压,将稀释了的涂料以雾状形态喷在基面上,附着力和渗透性较差,成膜较薄,必须反复多次喷涂。

(2)高压无气喷涂

涂料在高压下经喷嘴膨胀、雾化,以扇面形状喷在基面上,适用涂料品种广,成膜较厚,附着力强,光洁度好,工效高。

(3)气压喷涂

利用压缩空气喷出时产生的真空吸入涂料,并以雾状喷在基面上,适用于大面积喷涂,可将基面凹凸、孔洞、角缝均匀喷涂,外观质量好。

喷涂示意图

20. 喷涂方法

根据涂料黏度,喷涂面积,压缩空气压力,选择喷嘴口径大小,要尽量用小喷嘴,用低压力、高黏度涂料。喷涂时,喷嘴与基面的距离会影响涂膜的质量。快干涂料一般距离为200mm左右,慢干涂料距离为500mm左右,主要根据喷涂经验掌握。

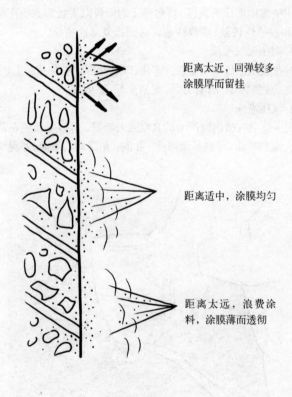

喷漆距离示意图

（1）纵横喷涂

先竖向喷涂基面两端，然后再水平喷涂其他部分，喷路重叠一半。

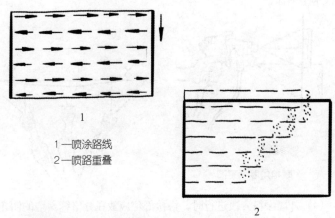

1—喷涂路线
2—喷路重叠

（2）双重喷涂

第一枪喷涂后，第二枪喷涂时，涂层要覆盖前一枪涂层一半，使涂层更均匀。

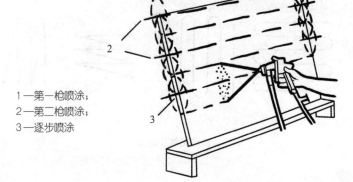

1—第一枪喷涂；
2—第二枪喷涂；
3—逐步喷涂

21. 喷涂作业要点

（1）喷嘴要与喷涂基面保持垂直，匀速移动喷枪。

（2）直线喷涂，长度为1.5m左右，喷枪移动不能走弧线。

（3）阴、阳角部位，要由上而下垂直或由角的两边开始喷涂，然后再水平喷涂。

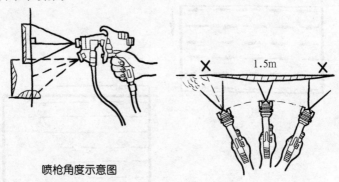

喷枪角度示意图

（4）外墙涂料分段进行时，搭接部位应放在分格缝、墙的阴角处或水落管背面。

（5）涂刷面为垂直面时，最后一道涂料应由上向下刷，涂刷面为水平时，最后一道涂料应按光线照射方向刷。夏季室外刷浆时，不得在烈日暴晒下施工。

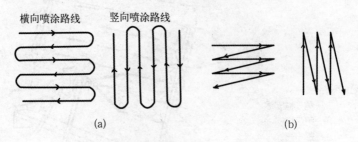

喷涂路线示意图

（a）正确的喷涂路线；（b）不正确的喷涂路线

(6)喷涂行走路线根据施工条件可横向往返喷涂,不可走W形路线。

(7)在设计中若无外出窗台,应与甲方提出,尽量改做外出窗台,以防雨水冲刷窗台污染墙面刷浆;夏季室外喷涂不得在烈日暴晒下施工;大风和雨天也不得施工。

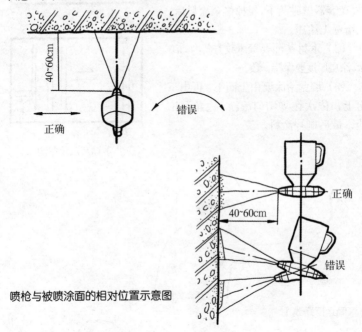

喷枪与被喷涂面的相对位置示意图

(8)喷涂要求、方法

1)刷浆时,所有门窗、玻璃和各种装修、设备等不刷浆的部位,均应遮盖,以防沾污;如有沾污,应随即用湿布擦净,不得干后清除。

2)室内刷浆,应先刷顶棚,后刷墙面,先刷四周边角和门窗框,后刷大面。

3)涂刷垂直面时,最后一道涂料应由上向下刷,涂刷面为水平时,最后一道涂料应按光线的照射方向刷。每个大面刷每一遍浆,应一次刷完,以免色泽不一致,刷浆完成后,应打开门窗晾干。

22.滚涂方法

根据不同基面选用不同规格滚刷,利用滚刷在墙壁上滚动,把涂料滚压在墙壁上。

(1)把滚刷放进涂料桶中蘸满涂料,在容器壁碰两下,甩掉多余涂料后,在墙壁上滚压。

(2)木材基面要顺木纹方向均匀滚涂,涂层厚度要保持一致。

(3)墙壁滚涂要由上而下,再由下而上,依次往复均匀滚涂,边角漏滚处,最后刷补涂料。

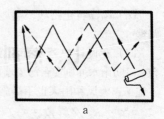

a

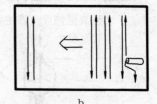

b

滚涂方法示意图

a 滚筒运行路线1

b 滚筒运行路线2

七、溶剂型涂料施涂技法

溶剂性涂料主要有色漆、清漆两种。

1.木质表面施涂色漆主要工序

(1) 清除灰尘、油污;(2) 腻子填补缺陷;(3) 砂纸打磨;(4) 满刮腻子;(5) 砂纸磨光;(6) 刷底漆;(7) 检查补刮腻子;(8) 刷一遍色漆;(9) 砂纸磨光;(10) 刷二遍色漆,高级油漆用水砂纸磨光,刷第三遍油漆。

2.木质表面施涂清漆主要工序

(1) 清除灰尘油污;(2) 打磨砂纸;(3) 腻子填补缺陷;(4) 砂纸打磨;(5) 满刮腻子;(6) 砂纸打磨;(7) 刮二遍腻子;(8) 砂纸磨光;(9) 刷油色;(10) 刷一遍清漆;(11) 检查补色补腻子;(12) 砂纸磨光;(13) 刷二遍清漆;(14) 水砂纸磨光;(15) 刷三遍油漆,高级油漆刷第四、五遍漆后打蜡。

3. 木门窗色漆施涂
(1) 批刮腻子,砂纸磨光,基层处理完成后,由上而下按顺序刷涂。
(2) 由里向外刷门窗角线、门心板、门窗扇、门窗框。
(3) 门窗木框横竖交接处,先刷冒头,再刷立挺,顺木纹刷涂。
(4) 玻璃安装完成后,刷最后一遍色漆。

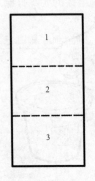

光面门的涂刷顺序

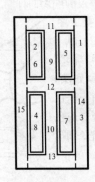

镶板门的涂刷顺序

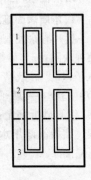

镶板门涂刷快干涂料的涂刷顺序

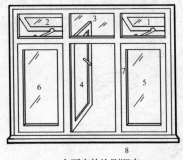

合页窗的涂刷顺序

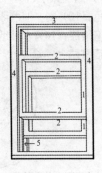

推拉窗的涂刷顺序

门窗刷涂顺序示意图

4.木门窗清漆施涂

(1) 批刮和清油颜色相同的腻子,顺木纹砂纸磨光。

(2) 用软包蘸油粉反复涂抹,把油粉擦进木材棕眼,用棉纱擦拭干净。

(3) 满刮腻子要均匀,刮干净,不得遮盖木纹,细砂纸打磨。

(4) 油色要刷均匀,颜色深浅一致,露出木纹,刷第一遍清漆。

(5) 刷第二遍清漆前,用水砂纸均匀打磨,把一遍清漆的光亮打磨掉,再刷清漆。

(6) 一般清漆要刷三遍,高级油漆根据要求刷涂,刷涂顺序和刷色漆相同。

5.钢门窗施涂

(1) 施涂顺序

1) 清除表面灰浆、油污、锈蚀;2) 刷防锈漆要均匀厚度一致;3) 用腻子填补焊逢等缺陷;4) 砂布打磨平整;5) 刷第一遍色漆;6) 砂布磨光;7) 安装玻璃;8) 刷最后一边色漆,高级钢门窗要满刮腻子,再刷一至二遍色漆。

(2) 注意问题

1) 涂刷门窗扇时,上冒头顶面和下冒头底面不得漏刷油漆。

2) 防锈漆和第一遍银粉漆,应在设备、管道安装就位前涂刷,最后一遍银粉漆,应在刷漆工程完工后涂刷。

3) 独立面每遍应用同一批涂料,并一次完成。最后一遍油漆宜用旧刷子,如用新刷子时,应在细砂纸上来回磨几遍,以达到刷毛柔软为宜。

6.镀锌薄钢板施涂

(1) 用汽油擦去表面油污,用粗砂布用力将表面打磨粗糙。

(2) 均匀地刷一遍磷化底漆,涂膜要薄,不得漏刷。

(3) 刷一遍锌黄醇酸底漆(天气干燥),涂膜要薄,刷均匀,不漏刷。

(4) 满刮石膏腻子(适量加锌黄醇酸底漆),用力均匀,刮平整。

(5) 用细砂布打磨，用力要轻，磨平后补刮腻子，磨光。

(6) 刷醇酸磁漆二到三遍，漆膜厚度均匀，颜色一致。

7.木地板色漆施涂

(1) 把地板表面杂物、板缝灰尘清扫干净，用砂纸打磨或机械打磨光滑。

(2) 先刷踢脚板底漆，再由里向外，顺木纹方向均匀涂刷，厚薄一致。

(3) 用腻子把钉眼、裂痕等缺陷填平补齐，干后用砂纸打磨平整。

(4)顺地板满刮腻子,刮平刮均匀,板缝刮干净,再用细砂纸磨平、磨光,清扫干净。

(5)顺木纹方向均匀刷色漆,注意阴角、板缝不要刷厚,干后用细砂纸轻轻打磨。

(6)同样方法刷第二遍色漆,打磨后再刷第三遍色漆。

8.木地板清漆施涂

刷清漆主要是突出表现木纹清晰,美观大方,达到木质光亮。刷涂方法和刷色漆基本相同,工艺要求更细、更高,最好涂刷地板漆。腻子颜色要和地板颜色配制相同,刮腻子时要刮干净,不能覆盖木纹,要用细砂纸打磨光滑,刷每遍清漆干后,用砂纸轻轻打磨光滑,最少刷三遍或根据要求刷数遍,再打蜡,抛光。

9.顶棚施涂工艺

(1)用防锈漆涂刷固定顶棚板面的螺钉、铁钉帽,再用腻子填平。

(2)用腻子填平补齐板面接缝、缺陷,砂纸打磨平,再用50mm宽的胶带或纱布粘贴。

(3)满刮腻子,刮平,用砂纸打磨平整,刷底漆。

(4)刷色漆工艺与木门窗工艺基本相同,几何形状的颜色不同的要分块刷。

(5)刷清漆工艺与木门窗工艺基本相同,不粘贴胶带、砂布。

10.抹灰面色漆施涂

常用铅油、调合漆刷涂。

(1)基层处理:用铲刀铲除抹灰面上灰砂、杂物。

(2)满刷清油打底,可阻断抹灰面吸水,增强腻子附着力。

(3) 用石膏腻子填补孔洞、裂缝等缺陷,再用油腻子填平补齐,刮干净。

(4) 用砂纸打磨光滑平整,用力均匀。

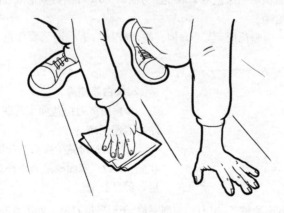

(5) 再刷一遍清油,查找缺陷补刮油腻子。
(6) 均匀刷涂三遍色漆,保持漆膜厚度一致,色泽光亮。

八、水乳型涂料施涂技法

1. 石灰浆施涂工艺

（1）用铲刀清除基面上的灰砂、杂物等。

（2）用纸筋灰腻子把孔洞、裂缝填补平整，再满批刮腻子，刮平刮干净。

（3）用宽排笔均匀地由上而下顺序涂刷第一遍，相接处把浆刷开。

（4）用铲刀把基面上粗糙的浆粒铲除，仍有缺陷的地方补刮腻子。

（5）刷第二遍浆一定要均匀，不能太厚，以防起皮。可根据质量要求刷第三遍。

（6）大面积基面屋顶可采取喷涂方法，用80目铜丝箩把浆过滤，以防浆粒堵喷嘴。

（7）第一遍喷涂时，浆可调稠一些，喷厚些，第二遍浆要稀点，喷薄些。

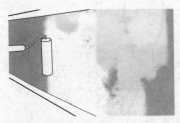

2. 大白浆施涂

（1）用铲刀把基面上的灰砂、浮物清理干净。

（2）用胶粉腻子掺石膏粉填补孔洞、裂纹，麻面缺陷填平补实干后，砂纸打磨。

（3）满刮两遍腻子，用力均匀刮平整，干后砂纸打磨，如仍有缺陷，复补腻子。

（4）用排笔或辊刷从上到下，由左向右均匀涂刷，一般刷两遍。

3. 乳胶漆施涂工艺

（1）室内刷涂：用内墙乳胶漆。

1) 用铲刀、砂纸清除基面灰砂、杂物。

2) 用滑石粉、纤维素、乳胶加石膏粉调配的腻子, 填平填实孔洞、裂缝等缺陷。

3) 满刮腻子, 第一遍腻子尽量刮平, 二遍腻子要刮光, 干后砂纸打磨得平整光滑。

4) 把乳胶漆搅拌均匀, 用排笔或辊刷由上而下, 均匀涂刷二至三遍。

(2) 室外刷涂：用外墙乳胶漆(耐水、耐老化性较好)。
1) 刷涂方法和室内刷涂基本相同。
2) 满刮腻子打磨光滑后，要刷一遍封底漆，防止水泥抹灰面泛碱。
3) 大风沙尘天气，阴天湿度超过 80%时，禁止涂刷。
4) 室外刷涂一般采用吊篮作业，要特别注意安全措施。

4.浮雕喷涂操作方法

浮雕喷涂效果图

(1) 材料：使用浮雕专用涂料或普通水泥和白水泥调配。

(2) 工具：空气压缩机、喷枪、辊刷、刮板、铲刀和砂纸等。

(3) 操作方法

1) 用铲刀清除墙壁上砂灰、残留物,用腻子填补洞眼、裂缝等缺陷。

2) 满刮腻子,刮平、刮干净;干后砂纸打磨光滑,刷界面剂。

3) 涂料调配的要稠一些,搅拌均匀,根据喷涂要求选择喷枪喷嘴,距离墙壁 300mm 左右喷涂,待涂料六成干时,用辊刷蘸水滚压平整,花纹效果更好。

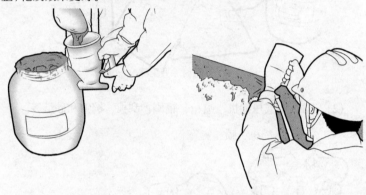

4) 干燥后,辊刷二至三遍表面涂料,可以达到美观的效果。

5.真石漆喷涂操作方法

真石喷涂效果图

(1) 材料：天然真石彩色原料，真石无色漆。
(2) 工具：压缩机、喷枪、刮板、辊刷、产刀和砂纸等。

(3) 操作方法

1) 用铲刀清除墙壁上残留的灰砂、杂物,用腻子把墙壁上的孔洞、裂痕补实填平。

2) 满刮腻子要刮平,干燥后,用砂纸打磨平整、光滑。

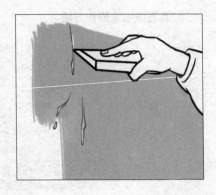

3) 涂料要调配成糊状,搅拌均匀,喷涂要均匀,喷涂二至三遍。

4) 干燥后涂刷醇酸丙烯罩光漆,可以达到防水、防潮、美观大方的效果。

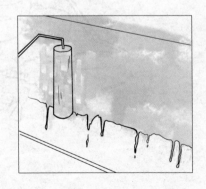

5) 风沙天气禁止施工。

九、裱糊技法

1.裱糊壁纸的原则

（1）裱糊时，先垂直面，后水平面；先细部，后大面，先保证垂直，后对花拼缝；垂直面是先上后下，先长墙面，后短墙面；水平面是先高后低。

（2）墙面裱糊顺序是挑一个近窗台角落向背光处依次裱糊，到阴角处收口。这样做接缝处不容易出现阴影。

（3）如果室内有大型装饰图案或有明显的主题，应从这面墙（顶）装饰图案的中央向两边依次裱糊，以取得平衡感。

（4）裱糊拼贴时，阴角处接缝应搭接，阳角处不得有接缝，应用整幅包角压实，忌在角上接缝。

（5）顶棚裱糊时，宜沿房间的长度方向裱糊，先裱糊靠近主窗处部位，最好是花纹对称。

2.裱糊壁纸的主要工序

（1）基层处理，清除基面灰尘杂物。
（2）木质面、石膏板面接缝用纱布条粘贴，填补腻子，打磨。
（3）抹灰、混凝土面满刮腻子，打磨平整光滑，刷底油。
（4）壁纸用水湿润。
（5）基面涂刷胶粘剂。
（6）壁纸涂刷胶粘剂。
（7）裱糊壁纸擦干净，挤出胶水。
（8）清理修整。

3.裱糊壁纸的操作要点

（1）基面清理干净，均匀涂刷稀释的108胶水，薄刷一层。

(2)壁纸一般竖贴,根据墙壁高度留出对花纹余量,裁壁纸长度,计算所需条数。

(3)把裁割好的壁纸放在水里浸泡,或在壁纸背面刷清水,使壁纸充分膨胀。

(4)从墙转角或门窗口开始裱糊,弹垂直线,按线粘贴;用刮板刮平,压辊压实,粘贴牢固,不许有气泡。

墙壁壁纸裱糊顺序示意图

(5)顶棚壁纸按长度方向裱糊,从中心弹线向两侧粘贴,窄条贴在两边。

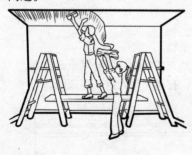

顶棚裱糊示意图

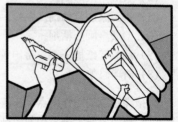

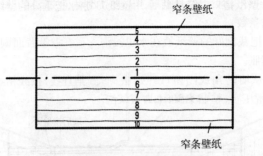

顶棚壁纸裱糊顺序示意图

(6) 壁纸图案有的需要对花，粘贴时注意把花纹对齐。

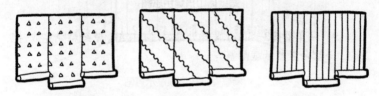

对花类型示意图

(7) 壁纸对口拼缝要把接缝对严，粘贴牢固。

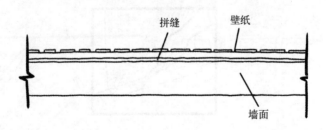

壁纸对口拼缝示意图

(8) 壁纸搭口拼缝粘贴后,用壁纸刀划割,把重叠的壁纸揭去,粘贴牢固。

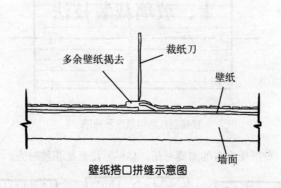

壁纸搭口拼缝示意图

(9) 阴角搭接2~3mm,阳角处最好没有接缝。壁纸粘贴完成,把上端、下端余量壁纸裁割整齐。

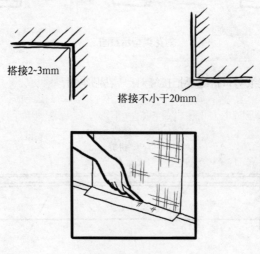

壁纸修整示意图

十、玻璃裁装技法

1. 玻璃加工下料

（1）门窗玻璃按测量尺寸缩小2~3mm下料，裁割时留出2mm刀口量。

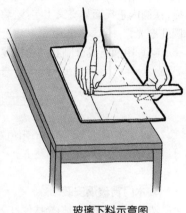

玻璃下料示意图

握刀手势示意图

（2）手握刀杆，中指靠住刀头，向后倾斜，刀杆角度掌握在40°左右，用力均匀由前向后裁割。

（3）裁割时走刀平稳，保持垂直，不得左右晃动，不能停顿，一气裁成。裁割厚度8mm以上玻璃时，要在裁割处涂抹煤油。

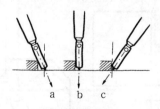

玻璃刀移动示意图
(a)不正确；(b)正确；(c)不正确

2.玻璃开槽、钻孔、挖洞、磨边

（1）划出开槽位置，用细砂轮正反两面加水研磨，用力要轻，用力均匀。

（2）钻10mm以下小孔，在钻头上抹煤油，用300目左右金刚砂钻磨，边钻边加砂。

（3）挖20mm以上的孔洞，用玻璃刀划割出圆，从背面轻轻敲出裂痕，在圆内正反面划交叉十字线，将圆内玻璃敲碎，用油石或金刚石把圆孔磨光。

（4）用油石或金刚石砂轮把玻璃棱角磨光，用力要轻，要均匀。

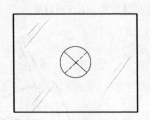

3.木门窗玻璃安装

清除裁口灰砂，均匀涂抹厚度2mm左右底灰，把玻璃压实，让底灰均匀溢出，钉小钉，再抹油灰固定或钉木条固定。钉子间距：不大于300mm，每边不少于2个钉子。

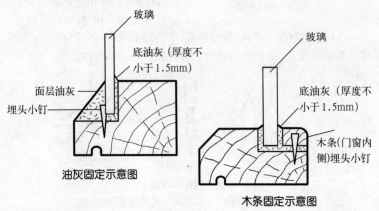

4. 钢门窗玻璃安装

(1) 清除裁口灰砂,均匀涂抹厚度2~3mm底灰,均匀用力压实玻璃挤出底灰,钢丝卡固定间距300mm左右,每边不少于2个,再抹油灰,或用橡胶垫嵌入压条螺钉固定。

(2) 油灰应具有塑性,嵌抹时不断裂,不出麻面。油灰在常温下,应在20个昼夜内硬化。用于钢门窗玻璃的油灰应具有防锈性。

(3) 玻璃应按设计尺寸或实测尺寸长宽,各缩小一个裁口宽度的1/4裁划,边缘不得有缺口和斜曲。

(4) 玻璃安装前,应沿裁口的全长均匀涂抹1~3mm厚的底灰,安装长边大于1.5m或短边大于1m的玻璃,应用橡皮垫并用压条和螺钉镶嵌固定。

(5) 安装木门窗玻璃,钉距不得大于300mm,且每边不少于2个,并用油灰填实抹平;用木压条固定时,应先涂干性油,并不应将玻璃压得过紧,两面嵌满油灰,做到里不露腻子,外不露裁口。

(6) 安装钢门窗玻璃时,应用钢丝卡固定,间距不得大于300mm,且每边不得少于2个,并用油灰嵌实抹光;采用橡皮垫时,应先将橡皮垫嵌入裁口内,并用木压条和螺钉固定。

(7) 安装磨砂玻璃时,磨砂面应向室内;安装压花玻璃时,压花玻璃的花纹宜向室外;安装隔断时,隔断上框的顶面应留有适量缝隙,以防止结构变形,损坏玻璃。

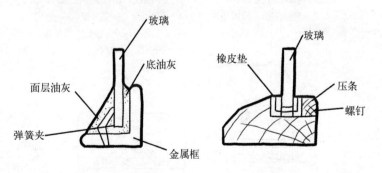

钢丝卡固定示意图　　　　压条螺钉固定示意图

5.铝合金门窗玻璃安装

(1)中框玻璃,面积较大的玻璃安装时,要在下面放置垫块,距边缘不少余150mm,垫块不要垫在排水孔位置。

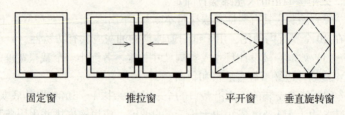

固定窗　　　推拉窗　　　平开窗　　　垂直旋转窗

垫块位置示意图

(2)玻璃安装就位,前后垫实,安装压条、胶条,密封胶固定。

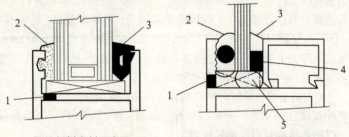

干性材料密封示意图

1—排水孔;2—夹紧的氯丁橡胶垫片;
3—严实的楔形垫

湿性材料密封示意图

1—排水孔;2—预制条;3—盖压条(可选的);4—密封的楔形垫;
5—相容性空气密封

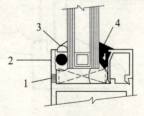

干/湿性材料密封示意图

1—排水孔;2—预制条;3—盖压条;
4—连续的楔形垫

6.幕墙玻璃安装

(1) 幕墙玻璃安装和铝合金门窗玻璃安装基本相同,临时固定要牢靠,防止受振动胶未固化而粘结不牢靠。玻璃厚度,幕墙玻璃最小安装尺寸(mm),如下表所示:

	玻璃厚度	前后余隙(a)	嵌入深度(b)	边缘余隙(c)	
单层玻璃 单层平板玻璃	5-6	3.5	15	5	
	8-10	4.5	16	5	
	12以上	5.5	18	5	
				下边	上边侧边
中空玻璃	4+A+4	5	16	7	5
	5+A+5	5	16	7	5
	6+A+6	5	17	7	5
	8+A+8 以上		18	7	5

(2) 明框幕墙玻璃固定示意图

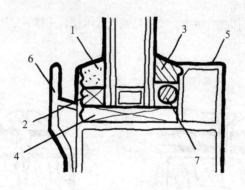

1—耐候硅铜密封胶;2—双面胶带;3—橡胶嵌条;4—橡胶支撑块;5—扣条压条;6—外侧盖板;7—定位块

(3) 隐框幕墙玻璃固定示意图

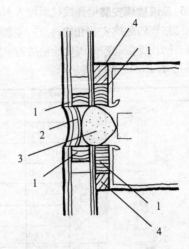

1—结构硅酮密封胶；
2—耐候硅酮密封胶；
3—泡沫棒；4—橡胶垫条

7. 镜面玻璃安装

（1）粘贴固定：用胶把镜面玻璃点粘贴在墙壁上，或用厚度6mm双面胶带粘贴，玻璃背面与墙留有间隙，使空气流通，镜面下边应固定托板，防止脱落。

（2）螺钉固定：玻璃、墙壁钻眼埋入木楔，用螺钉紧固。

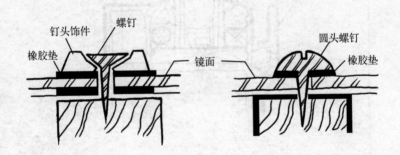

螺钉固定示意

（3）嵌钉固定：墙壁弹线钻眼埋入木楔，由下而上用嵌钉压紧玻璃四角，依次安装。

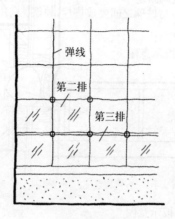

嵌钉固定示意图

（4）托压固定：把托条用螺钉固定在墙壁上，用托条压紧玻璃，分金属、木质托条。

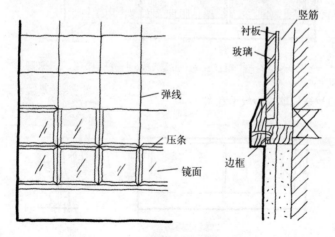

托压固定示意图

8.栏板玻璃安装

栏板玻璃安装使用钢化玻璃或安全玻璃,边、角磨光。立柱固定垂直牢固,金属夹板与玻璃之间要放垫片,玻璃、底座接缝用玻璃胶粘接牢固平整。

(1) 镶嵌式栏板示意图

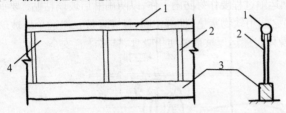

1—金属扶手;2—金属立柱;3—结构底座;4—玻璃

(2) 悬挂式栏板示意图

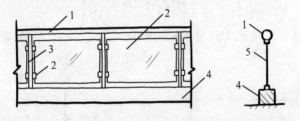

1—金属扶手;2—金属立柱;3—金属夹板;4—结构底座;5—玻璃

(3) 全玻璃式栏板示意图

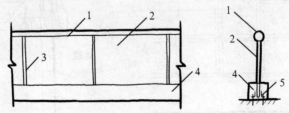

1—金属扶手;2—玻璃;3—结构硅酮胶;4—结构底座;5—金属固定件

十一、玻璃运输和保管

1.玻璃运输过程要作好防雨工作,以防雨淋后玻璃粘贴,要垂直放置,箱与箱之间用软物塞垫,捆绑牢固,轻装轻放;搬运单块玻璃,要垂直紧贴身体,搬运厚玻璃要使用吸盘,务必注意安全。

2.玻璃保管要按规格、类别、等级分别存放在通风良好、干燥的库房里。玻璃要立放,下面垫木方,大规格玻璃单层立放,定期检查,如有霉变用酒精、煤油或盐酸擦拭,毛巾擦净。

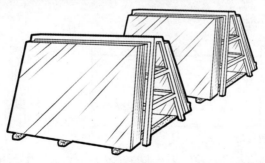